高职高专建筑类专业"十二五"规划教材

工程力学实验

主编　朱耀淮
参编　邓宋芽　曾芙霞
主审　秦立朝

班级＿＿＿＿＿＿＿＿　　　姓名＿＿＿＿＿＿＿＿

西安电子科技大学出版社

内容简介

本实验教材第一部分为模型图，包括各种约束模型和基本变形模型，以及工程实例；第二部分为实验项目和内容，包括拉压、材料性质、扭转、弯曲等九项实验指导和实验报告表格，其中直梁弯曲正应力的测定分为用试验台和试验机两种方法测定；第三部分为实验设备简介。

本实验教材可作为高职高专桥梁与道路、建筑工程、铁道工程、建筑工程管理、城市轨道工程、建筑设计专业的辅助教材，也可作为独立学院、成教学院、网络学院、电视大学土建专业的辅助教材，还可作为相关专业工程技术人员的培训教材或参考用书。

图书在版编目(CIP)数据

工程力学实验/朱耀淮编著. 一西安：西安电子科技大学出版社，2015.3

高职高专建筑类专业“十二五”规划教材

ISBN 978-7-5606-3639-9

Ⅰ. ① 工…　Ⅱ. ① 朱…　Ⅲ. ① 工程力学一实验一高等职业教育一教材　Ⅳ. ① TB12-33

中国版本图书馆 CIP 数据核字(2015)第 032651 号

策　　划　杨丕勇

责任编辑　张　玮　杨丕勇

出版发行　西安电子科技大学出版社(西安市太白南路 2 号)

电　　话　(029)88242885　88201467　　邮　　编　710071

网　　址　www.xduph.com　　电子邮箱　xdupfxb001@163.com

经　　销　新华书店

印刷单位　陕西天意印务有限责任公司

版　　次　2015 年 3 月第 1 版　2015 年 3 月第 1 次印刷

开　　本　787 毫米×960 毫米　1/16　印张 4

字　　数　88 千字

印　　数　1～3000 册

定　　价　10.00 元

ISBN 978-7-5606-3639-9/TB

XDUP 3931001-1

前 言

随着高职技术教育改革的深化，高职院校土建类专业迫切需要一整套新的工程力学教材，其中包括与教材配套的实验教材。

本实验教材针对高职高专生特点，尽量做到表格清晰简明、实验步骤明确、计算过程和单位换算有提示，便于学生独立完成实验内容和实验报告。

值得特别一提的是：为了配合主教材《工程力学》的教学，在编写本实验教材的过程中编入了一些模型图和工程实例图形，在讲到《工程力学》中的拉、压、剪、弯、扭时，参看实验教材上的图形，将使得学生更容易理解所学的知识。

本实验教材由湖南高速铁路职业技术学院朱耀淮主编，邓宋芽、曾芙霞参编。由于编者水平有限，不足之处在所难免，请读者批评指正。

编 者

2015 年 1 月

目 录

注：带“*”为旧版实验，供参考。

第一部分 模 型 图

一、各种约束模型图

（1）固定铰支座：由上摇座、下摇座、底板和销钉组成。图 1－1 为各部件图；图 1－2 为组合后的图形。

图 1－1　固定铰支座部件图

图 1－2　固定铰支座组装图

（2）光滑圆柱形铰链：由带双耳孔的部件Ⅰ、带单耳孔的部件Ⅱ和销钉组成。图 1－3 为各部件图；图 1－4 为组合后的图形。

图 1－3　光滑圆柱形铰链部件图

图 1－4　光滑圆柱形铰链组装图

(3) 可动铰支座:由上摇座、下底座、多根辊轴、底板和销钉组成。图 1-5 为各部件图;图 1-6 为组合后的图形。

图 1-5　可动铰支座部件图

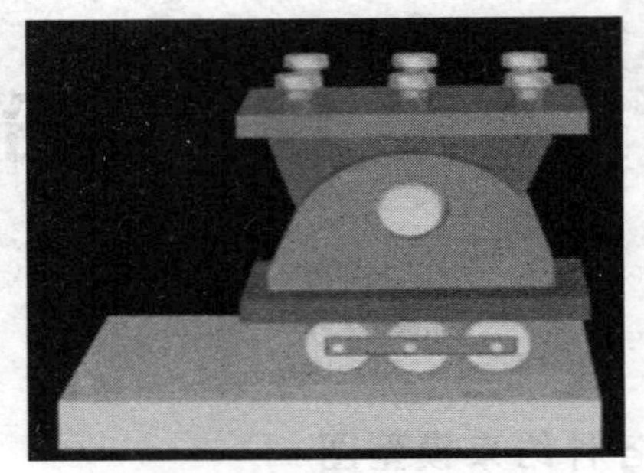

图 1-6　可动铰支座组装图

二、拉压试件

(1) 标准的 $10d$ 拉伸试件如图 1-7 所示,通常直径 $d=10$ mm。材质分为低碳钢和铸铁两种。

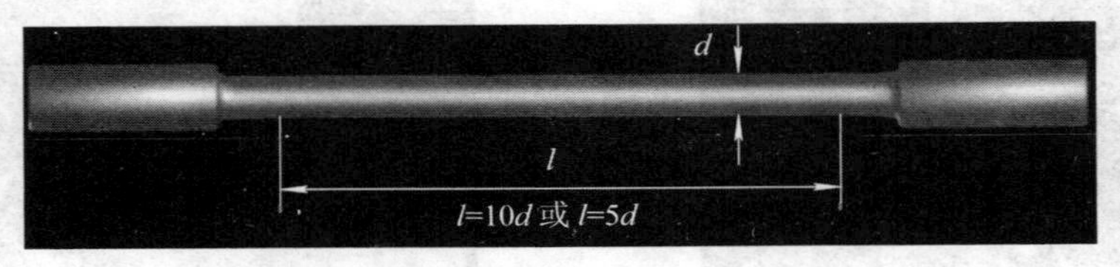

图 1-7　拉伸试件

图 1-8(a)是低碳钢试件拉伸至颈缩阶段时的情况;图 1-8(b)是拉断后断口呈杯口状的情况。

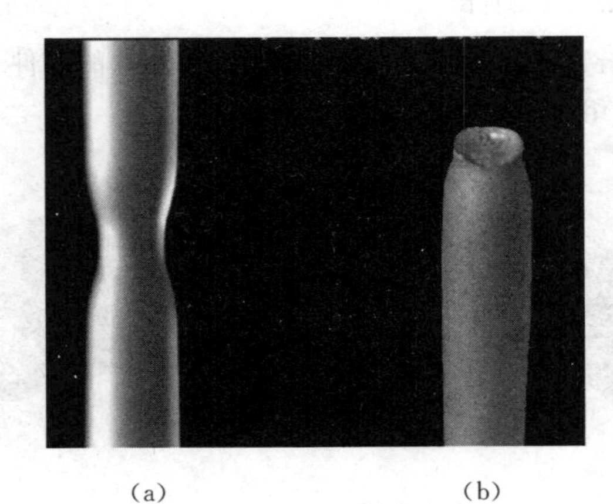

(a)　(b)

图 1-8　拉伸试件颈缩和拉断后的断口

(2) 图 1 - 9 为铸铁直径压缩标准试件图，通常直径 $d=10$ mm；图 1 - 10 为压缩后铸铁试件沿 45°斜截面破坏图。

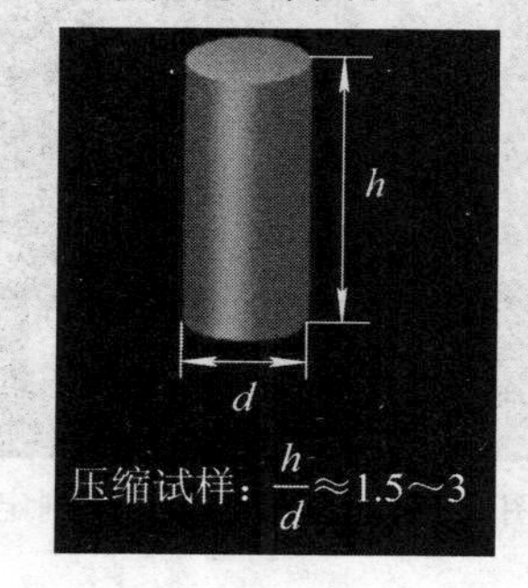

图 1 - 9　压缩试件

图 1 - 10　压缩试件压坏后的形状

三、剪切与扭转

(1) 图 1 - 11 为钢板受上、下刀刃剪切图；图 1 - 12 为吊钩中销钉受剪图；图 1 - 13 为连接两块钢板的铆钉受剪图。

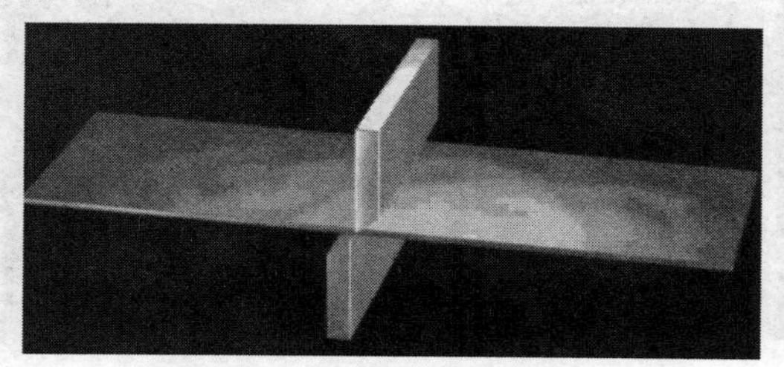

图 1 - 11　钢板受上、下刀刃剪切

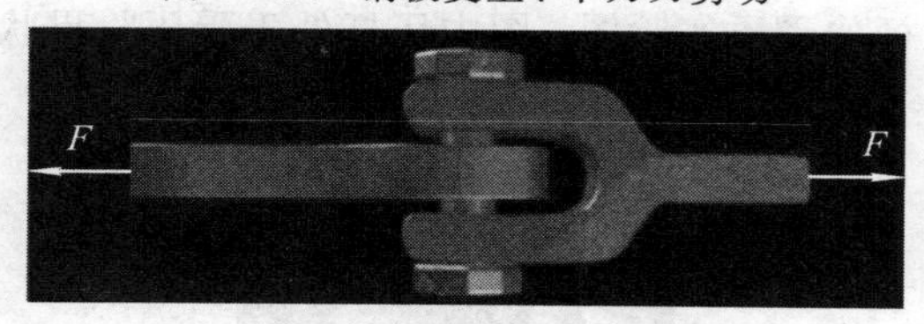

图 1 - 12　吊钩销钉受剪切

图 1 - 13　连接两块钢板的铆钉受剪切

(2) 图 1 - 14 为两块木板用一枚铆钉连接时的受剪破坏图；图 1 - 15 为杆轴受扭时，用右手螺旋法判断横截面上扭矩正负时的图形。

图 1-14　铆钉受剪破坏

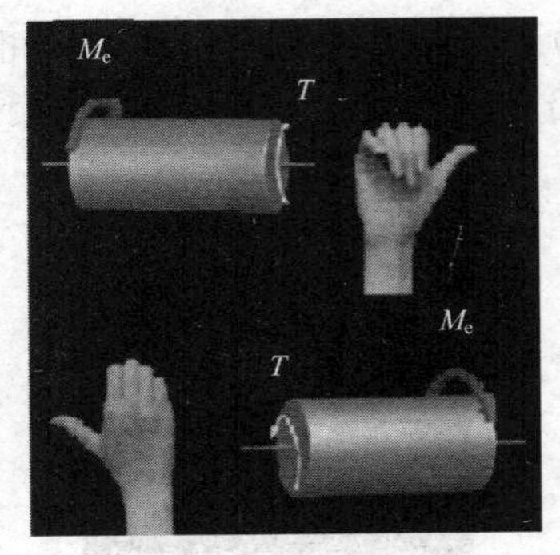

图 1-15　内扭矩的正向判定

四、工程力学实例

(1) 图 1-16 为工厂中桁车在吊车梁上运行时的图形，吊车梁放置在牛腿柱上，牛腿柱受到偏心压缩力作用。这是工程力学典型的工程实例之一。

图 1-16　桁车与牛腿柱

(2) 图 1-17 为压杆的受压实验图，图中压杆处于受压临界状态。

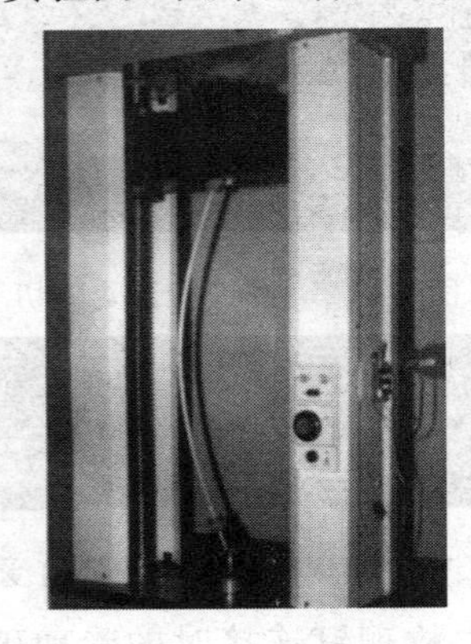

图 1-17　压杆的受压临界状态

第二部分　实验项目和内容

实验一　材料拉伸时力学性能的测定

一、内容和目的

（1）测定低碳钢的屈服极限 σ_s 和强度极限 σ_b。

（2）测定低碳钢的延伸率 δ 和截面收缩率 ψ。

（3）测定铸铁的强度极限 σ_b。

（4）观察上述两种材料的拉伸和破坏现象，比较两种不同材料的机械性能的异同，绘制拉伸变形图。

二、设备和器材

（1）液压式万能试验机(以下简称试验机)。

（2）游标卡尺。

（3）低碳钢和铸铁圆形截面试件：如图 2-1 所示，试件两端为夹紧部分，L_0 为试件的初始计算长度，A_0 为试件的初始截面面积，d 为试件的直径。

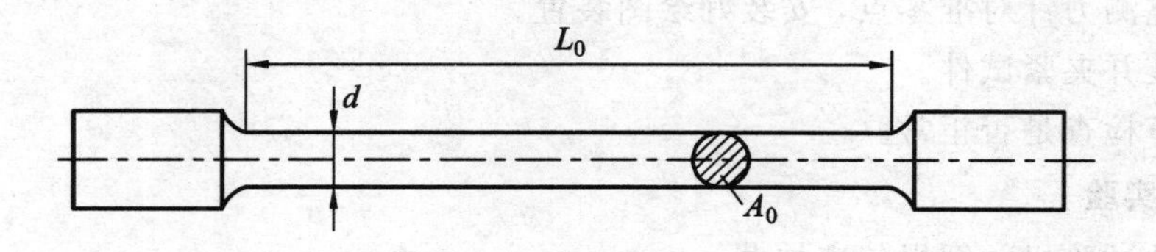

图 2-1　试件

三、实验原理

塑性材料在拉伸过程中所显示的力学性能与脆性材料相比有明显的差异。图 2-2(a)表示低碳钢静拉伸实验的 $P-\Delta L$ 曲线，图 2-2(b)表示铸铁试件在变形很小的情况下呈现脆性断裂。

材料的机械性能 σ_s、σ_b、δ 和 ψ 是由拉伸破坏实验来确定的。实验时，利用试验机的自动绘图仪可绘出图 2-2 所示的 $P-\Delta L$ 曲线。

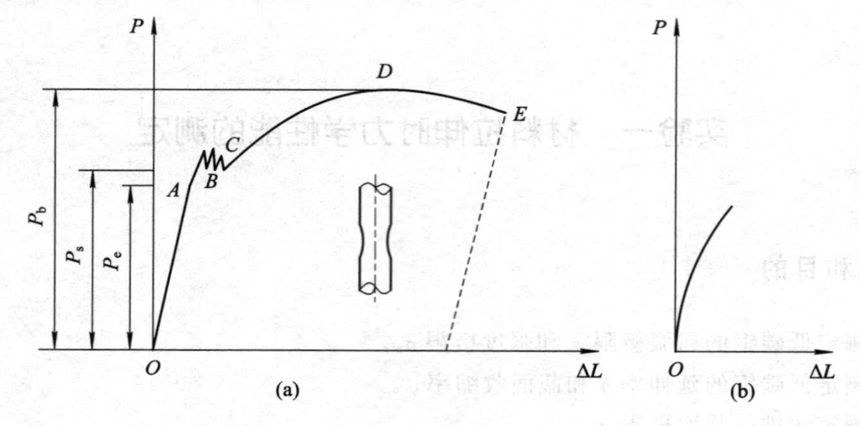

图 2－2　$P-\Delta L$ 曲线

四、实验步骤

1. 试件的准备

（1）用游标卡尺测量试件三个不同截面的直径，填于实验记录表格中。

（2）以其最小值计算试件的横截面积 A_0。

（3）测量试件的标距 L_0。

2. 实验机准备

（1）接通试验机电源，选择量程，调节平衡锤。

（2）调整测力针对准零点，安装好绘图装置。

（3）安装并夹紧试件。

（4）试车检查是否正常。

3. 进行实验

（1）开动试验机并缓慢匀速加载。

（2）观察拉伸图各阶段变化和测力指针的走动情况。

（3）低碳钢记录 P_s、P_b，铸铁只记录 P_b。

4. 实验后工作

（1）关闭试验机。

（2）测量断裂试件的标距 L_1、最小直径 d_1，填于实验记录表格中。

（3）实验完毕，整机复原，填写实验报告，交任课教师评阅。

拉伸实验报告

班级＿＿＿＿＿＿　　姓名＿＿＿＿＿＿　　实验日期＿＿＿＿＿＿　　评分＿＿＿＿＿＿

一、实验设备记录

1. 试验机

   名称：　　　　　　　　　　　　使用量程：

2. 量具

   名称：　　　　　　　　　　　　精度：

二、实验数据记录及整理计算

1. 实验记录

<table>
<tr><th>试件名称</th><th colspan="3">实　验　前</th><th colspan="2">实　验　后</th></tr>
<tr><td rowspan="5">低碳钢</td><td colspan="2">初始标距 L_0/mm</td><td></td><td>破坏后长度
L_1/mm</td><td></td></tr>
<tr><td rowspan="3">直径 d_0/mm</td><td>上</td><td></td><td>最小直径
d_1/mm</td><td></td></tr>
<tr><td>中</td><td></td><td>最小面积
A_1/mm^2</td><td></td></tr>
<tr><td>下</td><td></td><td>屈服荷载
P_s/kN</td><td></td></tr>
<tr><td colspan="2">初始截面面积/mm^2
$A_0=\frac{\pi}{4}d_{min}^2$</td><td></td><td>破坏荷载
P_b/kN</td><td></td></tr>
<tr><td rowspan="4">铸铁</td><td rowspan="3">直径 d_0/mm</td><td>上</td><td></td><td rowspan="4">断裂荷载
P_b/kN</td><td rowspan="4"></td></tr>
<tr><td>中</td><td></td></tr>
<tr><td>下</td><td></td></tr>
<tr><td colspan="2">初始截面面积/mm^2
$A_0=\frac{\pi}{4}d_{min}^2$</td><td></td></tr>
</table>

2. 整理计算

1）低碳钢

屈服极限：$\sigma_s = \dfrac{P_s}{A_0} =$

强度极限：$\sigma_b = \dfrac{P_b}{A_0} =$

延伸率：$\delta = \dfrac{L_1 - L_0}{L_0} \times 100\% =$

截面收缩率：$\psi = \dfrac{A_0 - A_1}{A_0} \times 100\% =$

受力变形图：

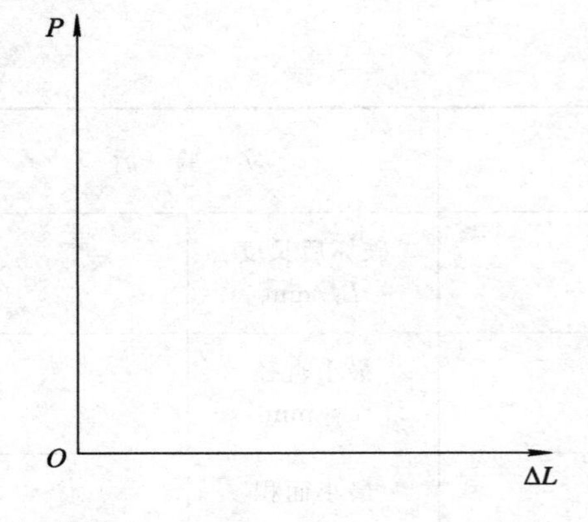

断口形状描述：

2）铸铁

强度极限：$\sigma_b = \dfrac{P_b}{A_0} =$

受力变形图：

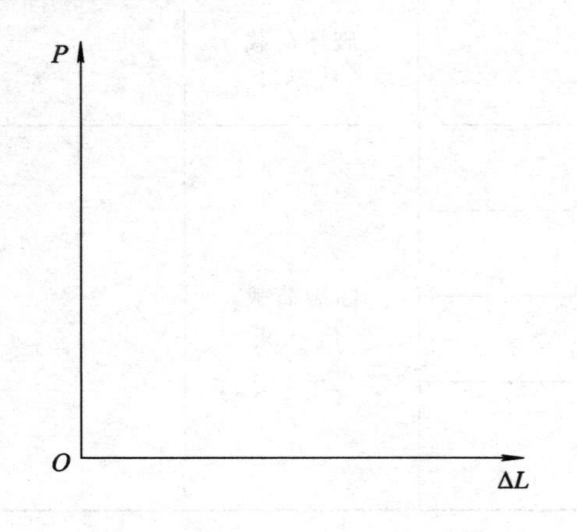

断口形状描述：

三、实验心得体会

指导教师＿＿＿＿＿＿批阅日期＿＿＿＿＿＿＿

实验二　压 缩 实 验

一、内容和目的

（1）测定压缩时低碳钢的屈服极限 σ_s 和铸铁的强度极限 σ_b。

（2）观察上述两种材料的压缩变形和破坏形式，分析破坏原因。

二、设备和器材

（1）液压式万能试验机。

（2）千分尺和卡尺。

三、实验原理

本实验的试件制成圆柱形，高为 h，截面直径为 d_0，如图 2－3 所示，一般规定 $1\leqslant\frac{h}{d_0}\leqslant3$。

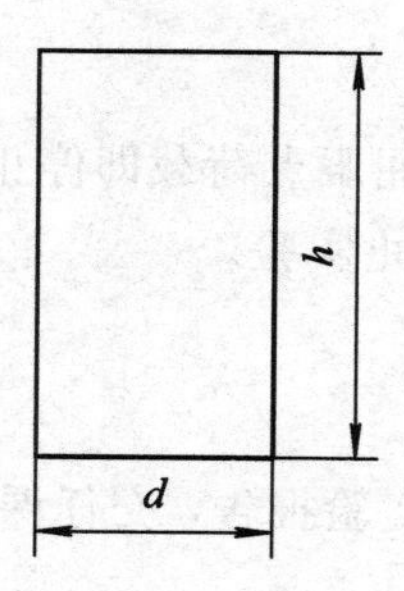

图 2－3　试件

低碳钢试件压缩时只有较短的屈服阶段(见图 2－4(a))，可在测力度盘指针停顿或稍后退时记下屈服荷载 P_s，其屈服极限为 $\sigma_s=\frac{P_s}{A_0}$。由于低碳钢试件可压得很扁而不断裂，所以无法求出压缩强度极限。加载过屈服点后，试件被压缩成鼓形时应停止实验。

铸铁试件在压缩时达到最大荷载 P_b(见图 2－4(b))就突然破裂，其强度极限 $\sigma_b=\frac{P_b}{A_0}$。铸铁试件的断裂面将近 45°斜面，破坏主要由剪应力引起。

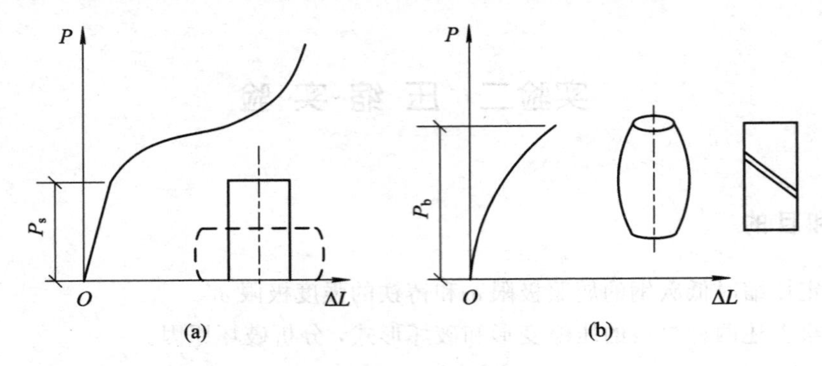

图 2-4 $P-\Delta L$ 曲线

四、实验步骤

1. 试件的准备

用游标卡尺测量试件的直径、高度。

2. 试验机准备

(1) 接通试验机电源，选择量程，调节平衡锤。

(2) 安装试件。

(3) 试车检查是否正常。

3. 进行实验

(1) 开动试验机并缓慢匀速加载。

(2) 注意观察。低碳钢试件测出屈服点荷载即停止实验。

(3) 铸铁试件测出最大荷载即停止实验。

4. 实验后工作

(1) 关闭试验机。

(2) 实验完毕，整机复原，填写实验报告，交任课教师评阅。

压缩实验报告

班级__________　　姓名__________　　实验日期__________　　评分__________

一、实验设备记录

1. 试验机

名称：　　　　　　　　　　　　　　使用量程：

2. 量具

名称：　　　　　　　　　　　　　　精度：

二、实验数据记录及整理计算

试　　件	低碳钢试件	铸铁试件
高度 h/mm		
截面直径 d_0/mm		
截面面积/mm $A_0=\frac{\pi}{4}d_0^2$		
屈服荷载 P_s/kN		铸铁有屈服吗？
最大荷载 P_b/kN	低碳钢能压断吗？	
屈服极限 σ_s/MPa		
强度极限 σ_b/MPa		
断口形状		

三、实验心得体会

指导教师____________批阅日期____________

实验三　材料弹性模量 E 和泊松比 μ 的测定

一、内容和目的

(1) 了解电测静应力实验的基本原理和方法。

(2) 在比例极限内测定钢材的弹性模量 E 和泊松比 μ。

(3) 验证虎克定律。

二、设备和器材

(1) 液压式万能试验机。

(2) 电阻应变仪。

(3) 游标卡尺。

(4) 试件：对于钢材弹性模量 E 的测定可采用圆形截面试件(与拉压实验图相同)或板状试件，泊松比 μ 的测定采用板状拉伸试件，如图 2-5(a)所示，其应力-应变关系曲线图如图 2-5(b)所示。

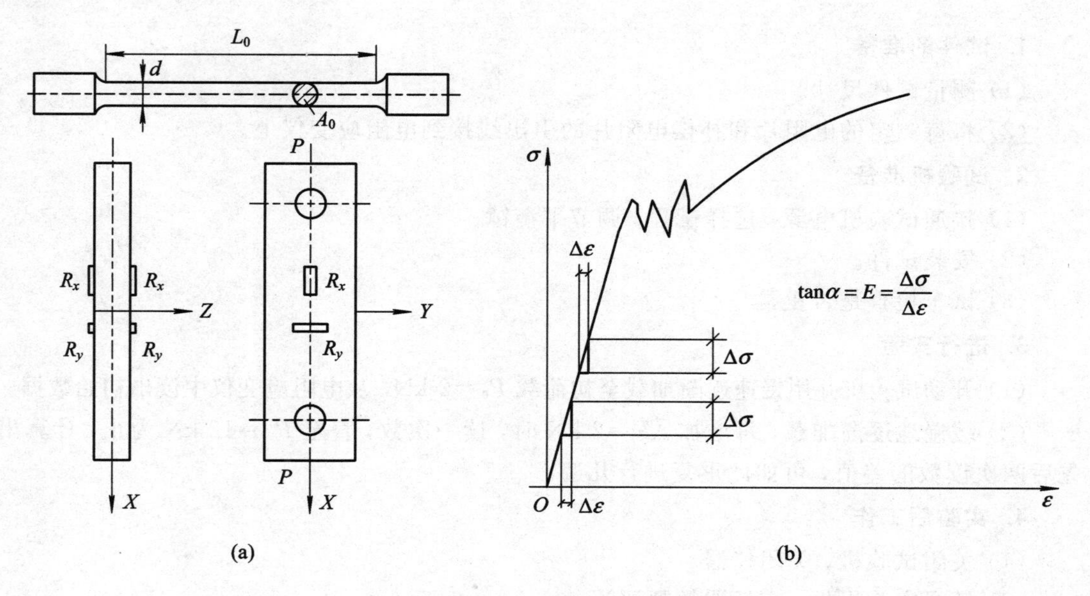

图 2-5　试件及其应力-应变曲线

三、实验原理

在比例极限内，材料拉伸的虎克定律表达式为 $\sigma=E\varepsilon$。因采用分级加载的方法，故用公式 $\Delta\sigma=E\cdot\Delta\varepsilon$ 计算，即

圆状试件：

$$E=\frac{\Delta\sigma}{\Delta\varepsilon}=\frac{\Delta P\cdot K/A_0}{\Delta N/L_0}=\frac{\Delta P\cdot K\cdot L_0}{\Delta N\cdot A_0}$$

* 板状试件：

$$E=\frac{\Delta P\cdot K/B\cdot t}{\Delta\varepsilon_x}=\frac{\Delta P\cdot K}{B\cdot t\cdot\Delta\varepsilon_x}$$

式中：ΔP 表示荷载增量；K 表示放大系数(2000)；B 表示试件宽度；t 表示试件厚度；$\Delta\varepsilon_x$ 表示对应的试件纵向应变增量。

由式 $\mu=\frac{|\Delta\varepsilon_y|}{|\Delta\varepsilon_x|}$ 即可求出纵向变形系数(泊松比)，$\Delta\varepsilon_y$ 为对应同一 ΔP 的试件横向应变增量。$\Delta\varepsilon_x$、$\Delta\varepsilon_y$ 由电测法测量。

四、实验步骤

1. 试件的准备

(1) 测量试件尺寸。

(2) 将待测定的电阻片和补偿电阻片的引出线接到电阻应变仪上。

2. 试验机准备

(1) 接通试验机电源，选择量程，调节平衡锤。

(2) 安装试件。

(3) 试车检查是否正常。

3. 进行实验

(1) 开动试验机并用慢速逐渐加载至初荷载 $P_0=2$ kN，从电阻应变仪中读出初始数据。

(2) 缓慢地逐渐加载，每增加 $\Delta P=2$ kN 时，读一次数，直至 $P_n=12$ kN 为止，计算出先后两次读数的差值，可如此重复进行几遍。

4. 实验后工作

(1) 关闭试验机，关闭仪器。

(2) 填写实验报告，交任课教师评阅。

材料弹性模量 E 和泊松比 μ 的测定报告(一)

班级＿＿＿＿＿　姓名＿＿＿＿＿　实验日期＿＿＿＿＿　评分＿＿＿＿＿

一、实验设备记录

1. 试验机

名称：　　　　　　　　使用量程：

2. 球铰式引伸仪

标距 $L_0=$　　　　　　　　放大倍数 $K=$

3. 卡尺

名称：　　　　　　　　精度：

二、实验数据记录及整理计算

1. 试件尺寸

截　面	圆截面试件直径 d/mm	最小横截面面积 A_0/mm^2
横截面 1		
横截面 2		
横截面 3		

2. 测 ΔN 记录

荷　载/kN	引伸仪读数 N/格	读数差 $\Delta N_i=N_{i+1}-N_i$
		$\Delta N_1=N_2-N_1=$
		$\Delta N_2=N_3-N_2=$
		$\Delta N_3=N_4-N_3=$
		$\Delta N_4=N_5-N_4=$
		$\Delta N_5=N_6-N_5=$

3. 计算(ΔP 的单位为 kN，L_0的单位为 mm，$K=2000$，A_0的单位为 mm^2，ΔN 的单位为格，1 mm=1000 格)

ΔN_i/格		$E_i=\frac{\Delta P\cdot L_0\cdot K}{A_0\cdot\Delta N}$(GPa)	$E=\frac{E_1+E_2+E_3+\cdots+E_n}{n}$
ΔN_1			
ΔN_2			
ΔN_3			
ΔN_4			
ΔN_5			

三、实验心得体会

指导教师____________批阅日期____________

材料弹性模量 E 和泊松比 μ 的测定报告(二)

班级＿＿＿＿＿　姓名＿＿＿＿＿　实验日期＿＿＿＿＿　评分＿＿＿＿＿

一、实验设备记录

1. 试验机

   名称：　　　　使用量程：

2. 静态电阻应变仪及预调平衡箱

   型号：

3. 卡尺

   名称：　　　　精度：

二、实验数据记录及整理计算

1. 试件尺寸

   试件宽 $B=$ 　　mm；　　试件厚 $t=$ 　　mm

2. 应变值记录

荷载/kN	纵向片 ε_x						横向片 ε_y					
	1		2		3		1		2		3	
	读数	差	读数	差	读数	差	读数	差	读数	差	读数	差
2												
4												
6												
8												
10												
12												
	$\Delta\varepsilon_x=$		$\Delta\varepsilon_x=$		$\Delta\varepsilon_x=$		$\Delta\varepsilon_y=$		$\Delta\varepsilon_y=$		$\Delta\varepsilon_y=$	

3. 整理计算

$\Delta\sigma = \dfrac{\Delta P}{B \cdot t} =$ Pa　　　$E = \dfrac{\Delta\sigma}{\Delta\varepsilon_x} =$ Pa

$\mu = \dfrac{|\Delta\varepsilon_y|}{|\Delta\varepsilon_x|} =$

三、实验心得体会

指导教师____________批阅日期____________

实验四　扭转实验

一、内容和目的

（1）测定低碳钢和铸铁在扭转时的机械性能。

（2）观察两种材料的扭转变形和破坏形式，并与拉伸实验作对比，分析其破坏原因。

二、设备和器材

（1）JNSG－144 型教学用扭转试验机（以下简称扭转试验机）。

（2）试件。

三、实验原理

低碳钢试件的变形（扭转角 ϕ）和荷载（扭矩 M_n）的关系如图 2－6 所示。

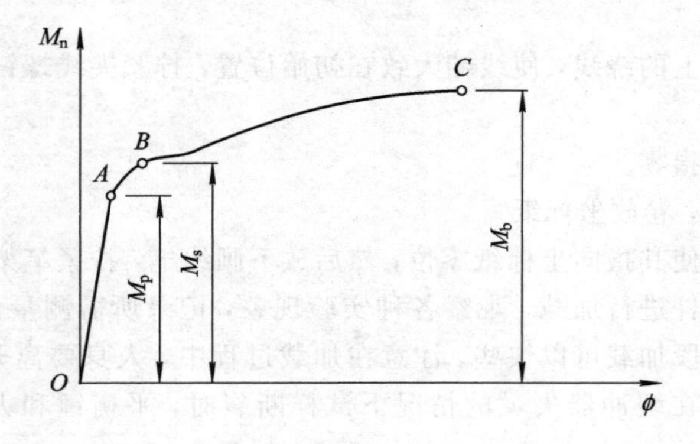

图 2－6　低碳钢 $\phi - M_n$ 曲线

通过扭转试验机可以测出低碳钢 M_s 和 M_b。低碳钢的剪切屈服极限的近似计算公式为

$$\tau_s = \frac{3M_s}{4W_p}$$

强度极限为

$$\tau_b = \frac{3M_b}{4W_p}$$

式中，抗扭截面系数 $W_p = \frac{\pi \cdot d^3}{16}$。

铸铁试件没有屈服现象，总扭转角 ϕ 也比较小(见图 2-7)，铸铁的强度极限为

$$\tau_b = \frac{M_b}{W_p}$$

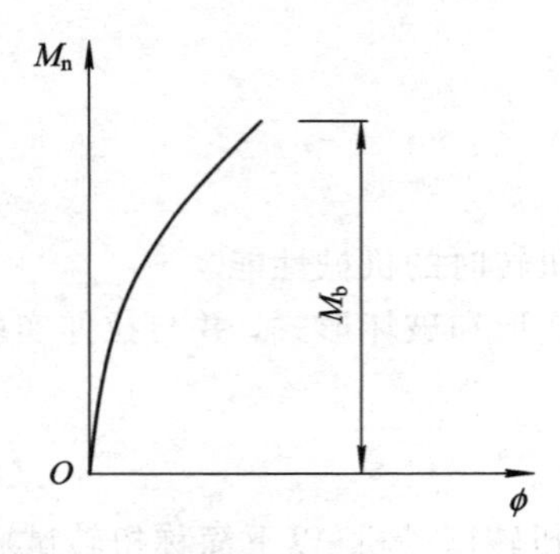

图 2-7 铸铁 ϕ-M_n 曲线

四、实验步骤

(1) 松开夹线螺钉和笔架螺钉。

(2) 调整力臂。

(3) 调整线轮Ⅰ上的绕线，使线端大致在初始位置，拧紧夹线螺钉。

(4) 装夹试样。

(5) 调整指针至指零。

(6) 抬起画线笔，卷放坐标纸。

(7) 调整画线笔使其指向坐标纸零位，然后放下画线笔，拧紧笔架螺钉。

(8) 缓慢摇转蜗杆进行加载，观察各种实验现象，记录所需测量值。有明显屈服阶段的材料，过了屈服阶段加载可以快些。注意在加载过程中，人身要离开平衡锤上方及力臂下方半米以上，以防在缓冲器失灵的情况下试样断裂时，平衡锤和力臂快速复位而碰伤人身。

(9) 待实验完毕，取下试样和坐标纸。填写实验报告，交指导教师评阅。

扭转实验报告

班级__________　姓名__________　实验日期__________　评分__________

一、实验设备记录

试验机

名称：　　　　　　　　　使用量程：

二、实验数据记录及整理计算

观察扭转破坏。

试　件	低 碳 钢	铸　铁
三截面直径 D/mm	最小值 D_0＝	最小值 D_0＝
标距 L_0/mm		
抗扭载面系数 W_p		
屈服扭矩 M_s		
破坏扭矩 M_b		
屈服极限 τ_s	$\tau_s=\frac{3M_s}{4W_p}=$	
强度极限 τ_b	$\tau_b=\frac{3M_b}{4W_p}=$	$\tau_b=\frac{M_b}{W_p}=$
总扭转角 ϕ		
单位长度扭转角 $\theta=\frac{\phi}{l}$		
试件断裂后的形状		

三、实验心得体会

指导教师＿＿＿＿＿＿批阅日期＿＿＿＿＿＿

实验五　扭转测 G 实验

一、内容和目的

(1) 测定低碳钢剪切弹性模量 G。
(2) 观察低碳钢的扭转变形。

二、设备和器材

(1) NY-4 型扭转测 G 仪(见图 2-8)。
(2) 砝码。

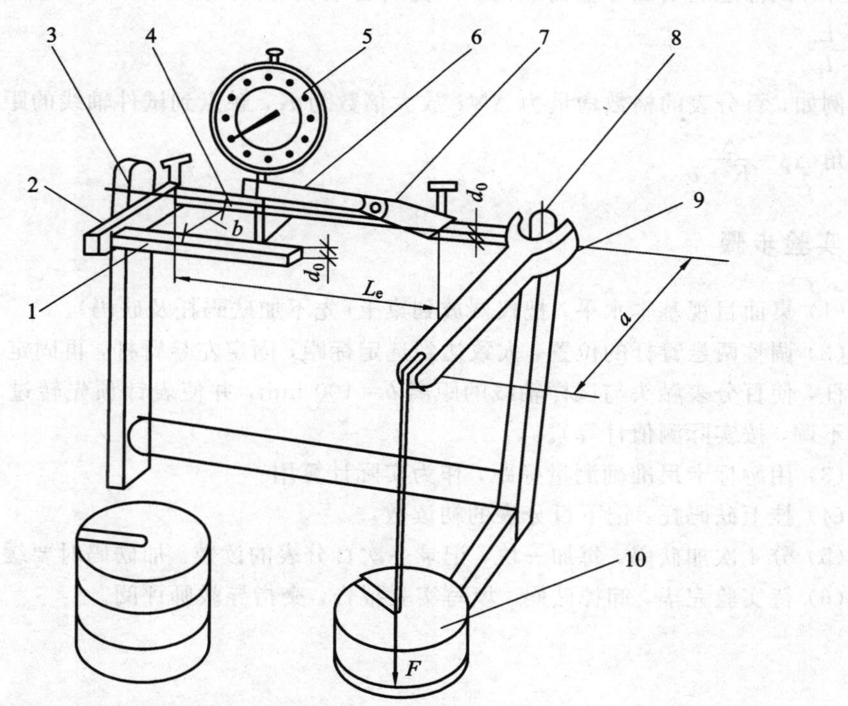

1—左横杆；2—左悬臂杆；3—固定支座；4—试样；5—百分表；
6—右横杆；7—右悬臂杆；8—可转动支座；9—力臂；10—砝码

图 2-8　NY-4 型扭转测 G 仪简图

三、主要技术规格

(1) 试样：直径 $d=10$ mm；标距 $L_e=60\sim150$ mm，可调；材料选用 Q235 钢。

(2) 力臂：长度 $a=200$ mm；产生最大扭矩 $T=4$ N·m。

(3) 百分表：触点离试样轴线距离 $b=100$ mm；放大倍数 $K=100$ 格/mm。

(4) 砝码：4 块，每块重 5 N；砝码托作初载荷，$T_0=0.26$ N·m；扭矩增量 $\Delta T=1$ N·m。

(5) 自重：3 kg(不包括砝码)。

四、实验原理

测定剪切弹性模量 G 时，根据比例极限内的扭转胡克定律 $\phi=\dfrac{T\cdot L_e}{G\cdot I_p}$，采用等级加载法。当对试件逐次增加等值荷载时，可由百分表的格数增量计算出相应的 $\Delta\phi$，于是 $G=\dfrac{\Delta T\cdot L_e}{\Delta\phi\cdot I_p}$。

例如，百分表的格数增量为 ΔN，放大倍数为 K，触点到试件轴线的距离为 b，则相对扭转角 $\Delta\phi=\dfrac{\Delta N}{K\cdot b}$。

五、实验步骤

(1) 桌面目视基本水平，把仪器放到桌上(先不加砝码托及砝码)。

(2) 调整两悬臂杆的位置，大致达到选定标距，固定左悬臂杆，再固定右悬臂杆，调整右横杆，使百分表触头与试样轴线的距离 $b=100$ mm，并使表针预先转过 10 格以上(b 值也可不调，按实际测值计算)。

(3) 用游标卡尺准确测量标距，作为实际计算用。

(4) 挂上砝码托，记下百分表的初读数。

(5) 分 4 次加砝码，每加一块，记录一次百分表的读数。加砝码时要缓慢放手。

(6) 待实验完毕，卸掉砝码。填写实验报告，交指导教师评阅。

扭转测 G 实验报告

班级__________　　姓名__________　　实验日期__________　　评分__________

一、实验设备记录

试验机

名称：　　　　　　　　　　　使用量程：

二、实验数据记录及整理计算

测量剪切弹性模量，验证剪切虎克定律。

扭矩/(N·m)	百分表/格		$\Delta N_{平均}=\frac{1}{n}\sum_{i=1}^{n}\Delta N_i$	$\Delta\phi_{平均}=\frac{\Delta N_{平均}}{K\cdot b}$	$G=\frac{\Delta T\cdot L_e}{\Delta\phi_{平均}\cdot I_p}$
	读数 N_i	读数差 ΔN_i			

三、实验心得体会

指导教师____________批阅日期______________

实验六　直梁纯弯曲正应力的测定

一、内容和目的

(1) 用纯弯曲正应力试验台，配上电阻应变仪，测定直梁纯弯曲时的正应力。

(2) 了解沿梁高度的正应力分布规律。

(3) 将实验结果与理论值进行比较，验证正应力公式。

(4) 学习用电阻应变仪测量应力的基本原理和方法。

二、设备和器材

(1) WSG－80 型纯弯曲正应力试验台(见图 2－9)。

(2) 静态电阻应变仪及预调平衡箱。

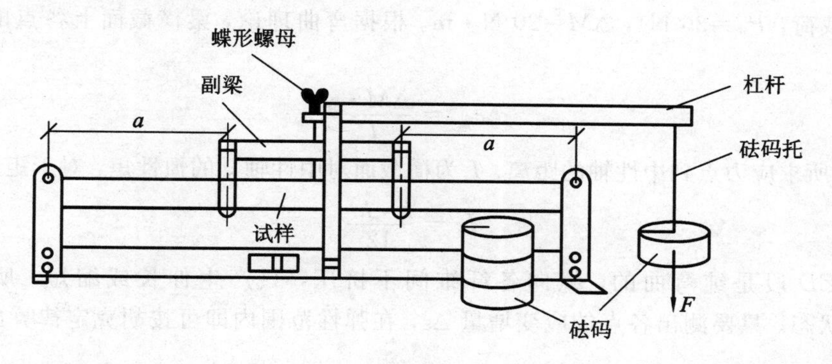

图 2－9　纯弯曲正应力试验台简图

三、主要技术指标

试样受力情况如图 2－10 所示。

(1) 试样材料选用 20 号钢，$E=210\times10^9$ Pa；跨度：$l=600$ mm，$a=200$ mm；横截面尺寸：高度 $h=28$ mm，厚度 $b=10$ mm。

(2) 副梁跨度：$l_1=200$ mm。

(3) 载荷增量：$\Delta P=200$ N(砝码采用四级加载，每个砝码重 10 N，并采用 1∶20 杠杆进行放大)，砝码托作为初载荷，$P_0=26$ N。

(4) 重量(不包括砝码)：8 kg。

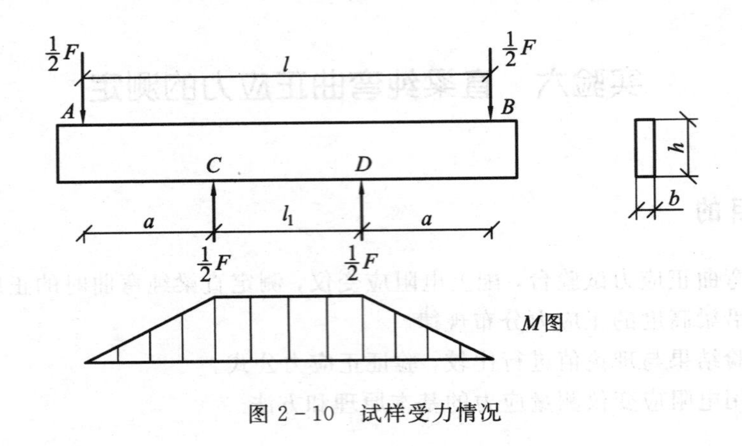

图 2-10　试样受力情况

四、实验原理

如图 2-10 所示，CD 段为纯弯曲段，其弯矩为 $M=\frac{1}{2}F\cdot a$，则 $M_0=2.6\ \mathrm{N\cdot m}$(砝码托作为初载荷，$P_0=26\ \mathrm{N}$)，$\Delta M=20\ \mathrm{N\cdot m}$。根据弯曲理论，梁横截面上各点的正应力增量为

$$\Delta\sigma_{理}=\frac{\Delta M\cdot y}{I_z} \tag{1}$$

式中：y 为所求应力点到中性轴的距离；I_z为横截面对中性轴 z 的惯性矩，对于矩形截面，有

$$I_z=\frac{b\cdot h^3}{12} \tag{2}$$

由于 CD 段是纯弯曲的，纵向各纤维间不挤压，只产生伸长或缩短，所以各点为单向应力状态。只要测出各点的应变增量 $\Delta\varepsilon$，在弹性范围内即可按胡克定律算出正应力增量 $\Delta\sigma_{实}$。

$$\Delta\sigma_{实}=E\cdot\Delta\varepsilon \tag{3}$$

在 CD 段任取一截面，沿截面竖向不同高度贴 5 片应变片。第 1 片和第 5 片应变片与中性轴的距离均为 $h/2$，第 2 片和第 4 片应变片与中性轴的距离均为 $h/4$，第 3 片应变片就贴在中性轴的位置上。

测出各点的应变后，即可按式(3)算出正应力增量 $\Delta\sigma_{实}$，并画出正应力 $\Delta\sigma_{实}$ 沿截面高度的分布规律图，从而可与式(1)算出的正应力理论值 $\Delta\sigma_{理}$ 进行比较。

五、实验步骤

1. 实验的准备

(1) 在 CD 段的大致中间截面处贴 5 片应变片与轴线平行，各片相距 $h/4$，作为工作片。

(2) 另在一块与试样相同的材料上贴一片应变片，作为补偿片，放到试样被测截面附近。

(3) 应变片形状以窄而长(如 1×5 或 2×5)为佳。贴片时可把试样取下，贴好片、焊好固定导线，再小心装上。

2. 试验机准备

(1) 调动蝶形螺母，使杠杆尾端稍抬起一些。

(2) 把工作片和补偿片用导线接到预调平衡箱的相应接线柱上。

(3) 将预调平衡箱和应变仪连接，接通电源，调平应变仪。

3. 进行实验

先挂砝码托，再分 4 次加砝码，记录每次应变仪测出的各点读数。注意：加砝码时要缓慢放手。

4. 实验后工作

(1) 待实验完毕，关闭试验机，卸掉砝码。

(2) 填写实验报告，取 4 次测量的平均增量值作为测量的平均应变，即可得出各点的弯曲正应力。

(3) 画出测量的正应力分布图。

(4) 填写实验报告，交任课教师评阅。

直梁纯弯曲正应力测定实验报告

班级__________ 姓名__________ 实验日期__________ 评分__________

一、实验设备记录

1. 试验机

名称： 使用量程：

2. 静态电阻应变仪及预调平衡箱

型号：

二、实验数据记录及整理计算

1. 梁的尺寸及应变片位置

截面宽度 $b=$ mm

截面高度 $h=$ mm

跨度 $l=$ mm

距离 $a=$ mm

电阻片电阻 $R=$ Ω

灵敏系数 $K=$

测点距中性轴 z 的距离/mm		片层号	横截面简图
$y_{顶}$			
$y_{上}$			
$y_{中}$		3	
$y_{下}$			
$y_{底}$			

填表前应掌握的知识：

(1) 一格读数代表一个微应变，即

$$1\Delta N(\mu\varepsilon) = 1 \times 10^{-6}(\varepsilon)$$

(2)　$$\Delta\sigma=\frac{\Delta M}{I_z}\times y=\frac{\frac{\Delta P}{2}\times a}{I_z}\times y=\frac{\Delta P\cdot a\cdot y}{2\cdot I_z},\quad 且\ I_z=\frac{b\cdot h^3}{12}$$

2. 应变值记录

荷载 P /N	电阻应变仪读数 ε									
	测点 1		测点 2		测点 3		测点 4		测点 5	
	读数	差	读数	差	读数	差	读数	差	读数	差
$\Delta\varepsilon_{平均}$										

3. 实验应力值与理论应力值的比较

测　点	1	2	3	4	5
理论值 $\Delta\sigma=\frac{\Delta P\cdot a\cdot y}{2I_z}$					
实验值 $\Delta\sigma_0=E\cdot\Delta\varepsilon\times10^{-6}$					
相对误差 $\delta=\frac{\lvert\Delta\sigma-\sigma_0\rvert}{\Delta\sigma_0}\times100\%$					

4．根据实验结果描绘应力沿截面的分布图

跨中截面应力分布图：

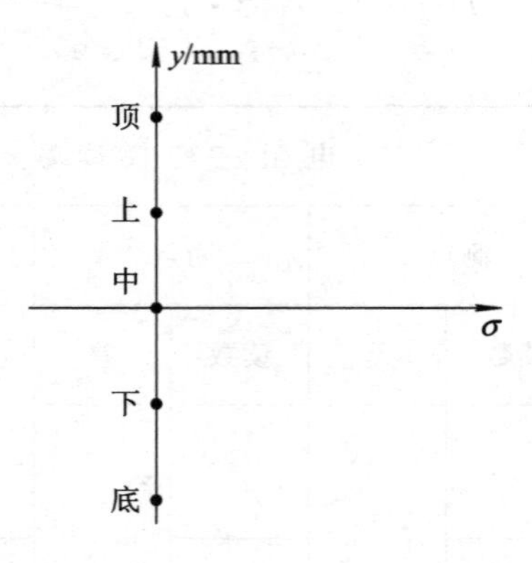

三、实验心得体会

指导教师____________ 批阅日期______________

实验七　弯曲变形实验

一、内容和目的

(1) 用实验方法测出梁在平面弯曲时的挠度和转角，并与理论值进行比较。
(2) 掌握运用千分表测量位移的方法。

二、设备和器材

(1) 液压式万能试验机。
(2) 千分表。

三、实验原理

如图 2-11 所示，矩形梁安放于试验机的工作台上，其中部受有集中力 P。在梁的中部装有一千分表，可测得中点挠度值；在梁支座截面 B 处有一长度为 e 的短杆，短杆的上端 D 处装有一千分表，可测出 D 的水平位移 δ_D，则支座 B 处的转角为 $\theta_B=\frac{\delta_D}{e}$。该实验采用等差法加载。

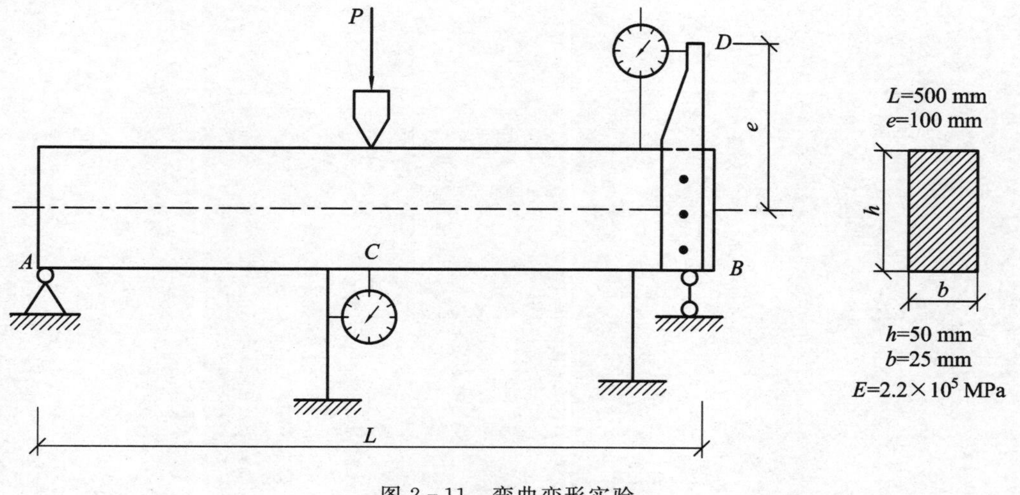

图 2-11　弯曲变形实验

四、实验步骤

1. 实验准备

(1) 准备好试件和试验机。

(2) 安装千分表。安装时，使千分表表头与测点表面垂直。

2. 进行实验

(1) 开动试验机加载至初荷载，记录千分表读数。

(2) 逐渐增加荷载 ΔP，记录每级千分表读数，直至加载完毕。

3. 实验后工作

(1) 关闭试验机，卸下千分表，整机复原。

(2) 填写实验报告，交任课教师评阅。

弯曲变形实验报告

班级＿＿＿＿＿　姓名＿＿＿＿＿　实验日期＿＿＿＿＿　评分＿＿＿＿＿

一、实验设备记录

1．试验机

名称：　　　　　　　　使用量程：

2．千分表

规格：　　　　　　　　精度：

二、实验数据记录及整理计算

1．试件数据

矩形面梁试件		简支梁和截面简图
跨度 l/mm		
截面高度 h/mm		
截面宽度 b/mm		
端杆长 e/mm		
弹性模量 E/MPa		
惯性矩 I_z		

2．实验数据记录

荷载 P/kN	测挠度 f_C 千分表读数		测转角 θ 千分表读数	
	读数 N_C	读数差 ΔN_C	读数 N_D	读数差 ΔN_D
	$\Delta N_{C平均}=$		$\Delta N_{D平均}=$	

注：N_C 和 N_D 均为千分表上的格数，N_C 表示梁跨中千分表上的格数，N_D 表示梁端测转角千分表上的格数。

3. 实验结果比较(简支梁)

位　移	实　测	理论计算	相对误差%
挠度	$\Delta f_C=\frac{\Delta N_{C平均}}{1000}=$	$\Delta f_C=\frac{\Delta P\cdot l^3}{48E\cdot I_z}=$	
转角	$\Delta\theta_B=\frac{\Delta N_{D平均}}{1000e}=$	$\Delta\theta_B=\frac{\Delta P\cdot l^2}{16E\cdot I_z}=$	

三、实验心得体会

指导教师＿＿＿＿＿＿批阅日期＿＿＿＿＿＿＿

＊实验八　扭转实验(用扭转试验机)

一、内容和目的

(1) 测定低碳钢和铸铁在扭转时的机械性能，测定剪切弹性模量 G。

(2) 观察两种材料的扭转变形和破坏形式，并与拉伸试验作对比，分析其破坏原因。

二、设备和器材

(1) 扭转试验机。

(2) 扭角仪和千分表。

(3) 游标卡尺。

三、实验原理

低碳钢试件的变形(扭转角 ϕ)和荷载(扭矩 M_n)的关系如图 2-6 所示。

通过扭转试验机可以测出低碳钢的 M_s 和 M_b。低碳钢的剪切屈服极限的近似计算公式为 $\tau_s=\dfrac{3M_s}{4W_p}$，强度极限为 $\tau_b=\dfrac{3M_b}{4W_p}$。

铸铁试件没有屈服现象，总扭转角 ϕ 也比较小(见图 2-7)，铸铁的强度极限为 $\tau_b=\dfrac{M_b}{W_p}$。

测定剪切弹性模量 G 时，根据比例极限内的扭转虎克定律 $\phi=\dfrac{M_n\cdot l_0}{G\cdot I_p}$，采用等差加载法。当扭转试验机对试件逐次增加等值荷载 ΔM_n 时，可由测角仪测出相应的 $\Delta\phi$，于是 $G=\dfrac{\Delta M_n\cdot I_0}{\Delta\phi\cdot I_p}$。

如千分表读数为 ΔN，放大倍数为 K，试件轴线到测点的距离为 b，则相对扭转角 $\Delta\phi=\dfrac{\Delta N}{K\cdot b}$。

四、实验步骤

1. 观察扭转破坏

（1）测量试件直径。用游标卡尺测量试件三个不同截面的直径，以最小值为计算直径 D_0，$W_b=\frac{\pi \cdot D^3}{16}$。

（2）将试件装在扭转试验机上，调好自动绘图装置。

（3）实验时缓慢加载（扭矩），仔细观察试件的两条平行线、圆周线的变化规律和屈服时的现象，以及屈服扭矩 M_s 的大小，直至破坏，记下最大扭矩 M_b，并观察断口。

2. 测量剪切弹性模量，验证剪切虎克定律

（1）测量试件尺寸及用扭角仪测量角度，为使实验简单化，这部分工作应事先准备好。

（2）将试件安装在扭转试验机上，调好自动绘图装置。

（3）实验时缓慢加载（扭矩），读出初始荷载下扭角仪上的千分表读数，以后每增加 ΔM_n 时，读出相应的千分表读数，直至测量完毕。

（4）实验结束后，复原扭转试验机，填写实验报告，交指导教师评阅。

扭转实验报告(用扭转试验机)

班级＿＿＿＿＿　姓名＿＿＿＿＿　实验日期＿＿＿＿＿　评分＿＿＿＿＿

一、实验设备记录

1. 试验机

名称：　使用量程：

2. 扭角仪

标距 L_0＝　试件轴线至测点距离 b＝

放大倍数 K＝　扭角仪上试件直径 D＝

二、实验数据记录及整理计算

1. 观察扭转破坏

试　件	低 碳 钢	铸　铁
三截面直径 D/mm	最小值 D_0＝	最小值 D_0＝
标距 L_0/mm		
抗扭截面系数 W_p		
屈服扭矩 M_s		
破坏扭矩 M_b		
屈服极限 τ_s	$\tau_s=\frac{3M_s}{4W_p}=$	
强度极限 τ_b	$\tau_b=\frac{3M_b}{4W_p}=$	$\tau_b=\frac{M_b}{W_p}=$
总扭转角 ϕ		
单位长度扭转角 $\theta=\frac{\phi}{l}$		
试件断裂后的形状		

2. 测量剪切弹性模量，验证剪切虎克定律

扭矩 /kN·m	扭角仪/格		$\Delta N_{平均}=\frac{1}{n}\sum_{i=1}^{n}\Delta N_i$	$\Delta\phi_{平均}=\frac{\Delta N_{平均}}{K\cdot b}$	$G=\frac{\Delta M_n\cdot l_0}{\Delta\phi_{平均}\cdot I_p}$
	读数 N_i	读数差 ΔN_i			

三、实验心得体会

指导教师＿＿＿＿＿＿批阅日期＿＿＿＿＿＿

*实验九　直梁纯弯曲正应力的测定(用试验机)

一、内容和目的

(1) 用电测法测定直梁纯弯曲时的正应力及其分布规律。

(2) 将实验结果与理论值进行比较，验证正应力公式。

(3) 学习用电阻应变仪测量应力的基本原理和方法。

二 设备和器材

(1) 液压式万能试验机。

(2) 静态电阻应变仪及预调平衡箱。

(3) 卡尺。

三、实验原理

直梁纯弯曲时横截面上的正应力计算公式为

$$\sigma = \frac{M \cdot y}{I_z}$$

正应力在横截面上是按直线规律分布的。如图 2-12 所示，实验时用静态电阻应变仪

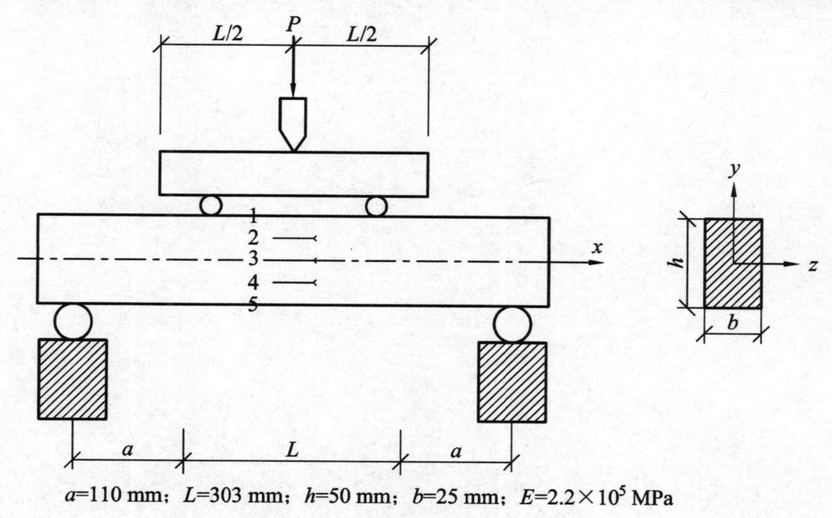

a=110 mm；L=303 mm；h=50 mm；b=25 mm；$E=2.2\times10^5$ MPa

图 2-12　直梁纯弯曲正应力的测定

测得各点的应变值，将这些应变值代入虎克定律表达式 $\sigma=E\cdot\varepsilon$，便可计算出各点的实际正应力 σ 值，然后与相应的理论值比较，以验证弯曲正应力公式。本实验采用等差增量法测量。$\Delta\sigma=\frac{\Delta M\cdot y}{I_z}$；$\Delta\sigma_n=E\cdot\Delta\varepsilon$。

四、实验步骤

（1）准备好试验机。

（2）在试验机上贴好应变片并接好静态电阻应变仪及预调平衡箱的线路。

（3）加载并读取实验数据：首先加载至初荷载，用零读法记下电阻应变仪的读数，然后逐级加载，在每一荷载下都测出各点的应变值，直至最终荷载。

（4）待实验结束，卸掉荷载，整理读测数据，填写实验报告并交任课教师评阅。

直梁纯弯曲正应力测定实验报告(用试验机)

班级＿＿＿＿＿　姓名＿＿＿＿＿　实验日期＿＿＿＿＿　评分＿＿＿＿＿

一、实验设备记录

1. 试验机

   名称：　　　　　　　　使用量程：

2. 静态电阻应变仪及预调平衡箱

   型号：

3. 卡尺

   名称：　　　　　　　　精度：

二、实验数据记录及整理计算

1. 梁的尺寸及应变片位置

   截面宽度 $b=$ 　　　mm；

   截面高度 $h=$ 　　　mm；

   跨度 $l=$ 　　　mm；

   距离 $a=$ 　　　mm；

   电阻片电阻 $R=$ 　　　Ω；

   灵敏系数 $K=$

测点距中性轴 z 的距离/mm		片层号	横截面简图
$y_{顶}$			
$y_{上}$			
$y_{中}$		3	
$y_{下}$			
$y_{底}$			

填表前应掌握的知识：

（1）一格读数代表一个微应变，即

$$1\Delta N(\mu\varepsilon) = 1\times10^{-6}(\varepsilon)$$

（2）
$$\Delta\sigma=\frac{\Delta M}{I_z}\times y=\frac{\frac{\Delta P}{2}\times a}{I_z}\times y=\frac{\Delta P\cdot a\cdot y}{2\cdot I_z},\quad \text{且 } I_z=\frac{b\cdot h^3}{12}$$

2．应变值记录

荷载 P /kN	静态电阻应变仪读数 ε									
	测点 1		测点 2		测点 3		测点 4		测点 5	
	读数	差	读数	差	读数	差	读数	差	读数	差
$\Delta\varepsilon_{平均}$										

3. 实验应力值与理论应力值的比较

测　　点	1	2	3	4	5
理论值 $\Delta\sigma=\dfrac{\Delta P\cdot a\cdot y}{2I_z}$					
实验值 $\Delta\sigma_0=E\cdot\Delta\varepsilon\times10^{-6}$					
相对误差 $\delta=\dfrac{\lvert\sigma-\sigma_0\rvert}{\sigma_0}\times100\%$					

4. 根据实验结果描绘应力沿截面的分布图

跨中截面应力分布图：

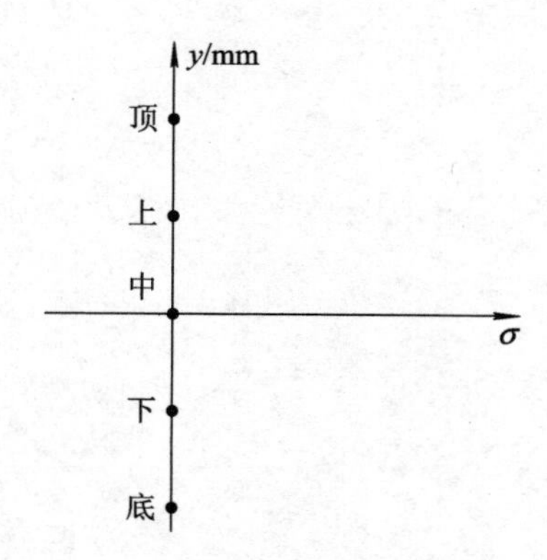

三、实验心得体会

指导教师______________批阅日期________________

第三部分　实验设备简介

一、液压式万能试验机

液压式万能试验机由加载部分、测力部分和自动绘图装置组成，如图 3-1 所示。

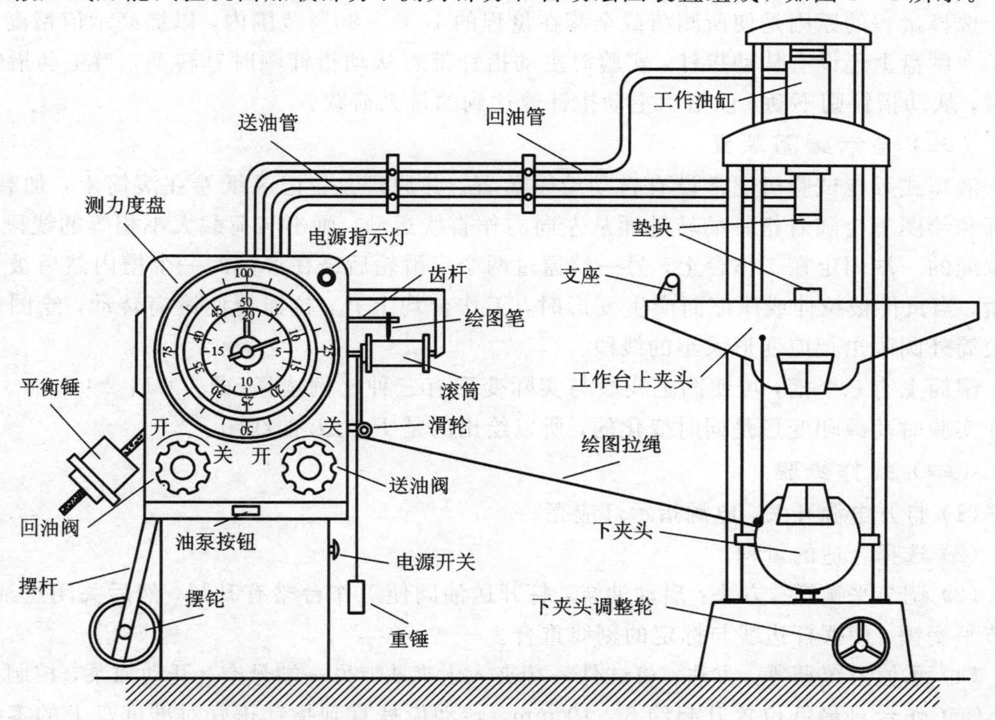

图 3-1　100 kN 液压式万能试验机

（一）加载部分

加载时工作台是上升的，若加载前将待测试件夹于上、下夹头内，则试件承受拉力，产生拉伸变形；若放在上、下垫块之间，则试件承受压力，产生压缩变形。

将回油阀置"关闭"位，按启动按钮(绿色钮)，电动油泵工作。此时，若打开送油阀，压力油便经送油阀、送油管进入工作油缸，油缸内的活塞顶动传力架使工作台上升，从而给试件施加荷载。

（二）测力部分

试件所受荷载大小与工作油压成正比，将油缸中的油通过回油管引入另一油缸，以推动摆杆和摆铊使其绕定轴转动，再将这个转动通过齿杆齿轮传动使度盘主动指针顺时针转动以指示荷载值。油压越高，摆杆和摆铊的转角就越大，指针指示的荷载也就越大。为了获得不同的测量范围，在摆杆上常设有三个对应的摆铊(分别标有 A、B、C 字样)以调节摆杆端部的悬挂重量。对 100 kN 的液压万能试验机而言，使用 A 铊，测量范围为 0～20 N；使用 $A+B$ 铊，测量范围为 0～50 kN；使用 $A+B+C$ 铊，测量范围为 0～100 kN。在度盘上也刻有与之相应的三圈刻度来分别表示 20 kN、50 kN、100 kN 的量程。实验时应根据试件和实验要求选择适当的量程，挂上相应的摆铊。

选择量程的原则是使所测荷载全落在量程的 10%～80%范围内，以提高示值精度。

在度盘上还设有从动指针，实验时主动指针带着从动指针顺时针转动，当主动指针退回时，从动指针则不动，以指示主动指针曾达到的最大荷载。

（三）自动绘图装置

液压式万能试验机通常设有自动绘图装置。其原理是：记录纸卷在滚筒上，加载时，齿杆和绘图笔会随着指针的转动而从左向右作直线运动，画出与荷载大小相等的线段；绘图拉绳的一端固定在工作台上，另一端通过两个定滑轮后绕在滚筒的一个槽内然后被重锤拉紧，当试件被拉伸或压缩而产生变形时，工作台均上升，拉绳便使滚筒转动，绘图笔就沿滚筒外圆画出相应变形大小的线段。

滚筒上有三个槽，可使图上线段与实际变形有三种比例选择(即 1∶1、2∶1、4∶1)。实际实验时荷载和变形是同时变化的，所以绘出的是 $P-\Delta L$ 曲线图。

（四）操作步骤

(1) 打开电源开关，电源指示灯应亮。

(2) 选择合适的量程。

(3) 调节平衡锤。方法：启动油泵，打开送油阀使工作台略有升起，然后关闭送油阀，调节平衡锤，使摆杆边线与标定的刻线重合。

(4) 示值系统调零。方法：将试件一端夹入上夹头，另一端悬空，开动油泵，控制送油阀，使工作台自最低位置升起约 5～10 mm。转动齿杆直到指针正好对准度盘上的零线即可。调零前应将绘图笔抬起。

(5) 转动手轮使下夹头升起到适当的高度以便夹紧试件。

(6) 若需绘 $P-\Delta L$ 图，则应放下记录笔。

(7) 对试件加载。加载速度可通过油阀控制。为使试件承受的荷载为(或近似于)静荷载，送油阀操作应该缓慢均匀地进行，以使度盘指针缓慢均匀地转动。加载时，回油阀必须关紧。

(8) 待实验完毕，关闭送油阀，打开回油阀卸载，取下试件，抬起记录笔。若不继续下次实验就停机，并将电源开关置“关闭”位。

(五) 注意事项

(1) 试验机开动前和停机时，送油阀一定要置于“关闭”位。

(2) 下夹头调整手轮只能在实验前调整下夹头位置时使用，加载中不能再动。

(3) 试验机只能一个人操作，运转过程中操作者不得离开。

(4) 实验中不要触动摆杆锤和绘图拉绳，以保证实验正常进行。

二、JNSG－144 型教学用扭转试验机

(一) 试验机简介

JNSG－144 型教学用扭转试验机(以下简称 JNSG－144 型试验机)采用蜗轮减速机手动加载、弹簧测矩装置测扭矩和自动绘图装置绘图，最大扭矩为 144 N·m，足以扭断直径为 10 mm 的钢试样；度盘最小刻度为 0.4 N·m；整机重量约 120 kg，外形尺寸为 1040 mm(长)×790 mm(宽)×1060 mm(高)。该试验机直接放置于大致水平的地面上即可进行实验。

JNSG－144 型试验机结构简单、重量轻、操作及搬移方便、原理直观形象，有利于加深学生对理论知识的理解和加强对学生手动能力的培养；精度足以满足教学实验要求；价格低廉，不到生产用扭转实验机的 1/5。

(二) 结构

JNSG－144 型试验机的结构如图 3－2 所示，它主要由主机、弹簧测矩装置和自动绘图装置三部分组成。

主机部分主要由机架、蜗轮箱和夹头组成。

弹簧测矩装置主要由力臂、测矩弹簧、线轮、度盘、平衡锤和油压缓冲器组成。

自动绘图装置主要由卷筒、笔架、画线笔及转角线轮组成。

(三) 操作方法

1. 力臂调整

(1) 将平衡锤 9 旋转到锤杆 10 的外端，使力臂 7 抬起，以消除力臂及相关件自重的影响，并使测矩弹簧 8 刚受到拉力。

(2) 调整弹簧吊环螺母 27 和活塞杆固定螺母 28，使力臂轴线下倾到与水平位置成大约 3°的夹角，此时带线杆 1 的端头大约从水平位置下降 30 mm，而缓冲器 11 的活塞 29 底面要离开油缸 30 底台 3～5 mm 左右，可通过力臂感觉出来。

(3) 缓冲器座叉 6 上的销轴 5 的轴线要与力臂轴线垂直，以保证活塞升降灵活。

(4) 若夹线杆 3 位置不正而使竖线不直，可松开夹线杆螺母 4 进行调整，然后再拧紧夹线杆螺母。夹线杆一定要固定在带线杆方槽内。

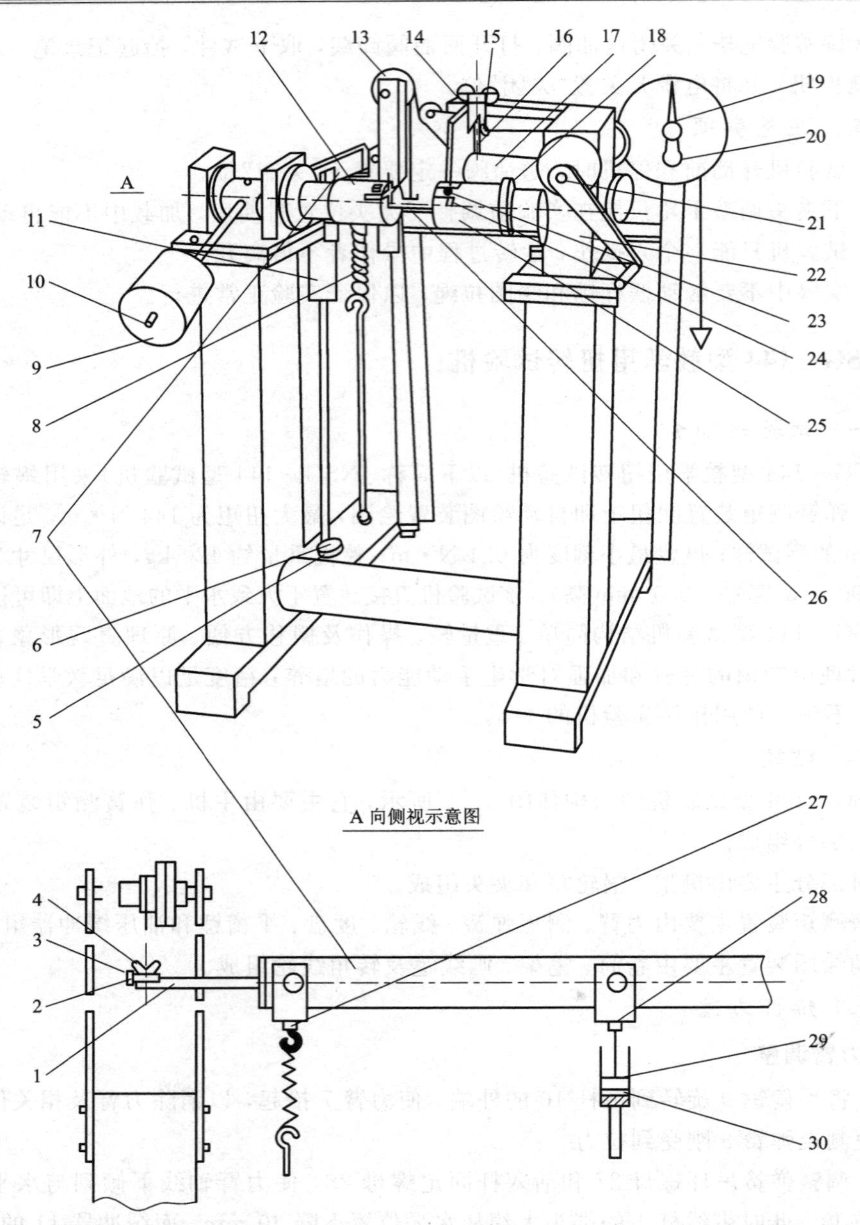

1—带线杆；2—夹线螺钉(后去掉)；3—夹线杆；4—夹线杆螺母；5—销轴；6—缓冲器座叉；7—力臂；8—测距弹簧；9—平衡锤；10—锤杆；11—油压缓冲器；12—固定夹头；13—线轮Ⅰ；14—笔架螺钉；15—笔架；16—画线笔；17—卷筒；18—转角线轮；19—指针；20—度盘；21—蜗杆；22—蜗轮箱；23—封板固定螺钉；24—夹头封板；25—转动夹头；26—试样；27—弹簧吊环螺母；28—活塞杆固定螺母；29—活塞；30—油缸

图 3－2　JNSG－144 型试验机的结构

2. 线轮绕线

加载初时，各线轮绕线如图 3－3 所示。松开画的线是为了显示出线路，实际使用时自然绷紧。未松开画的线为封闭单路线。

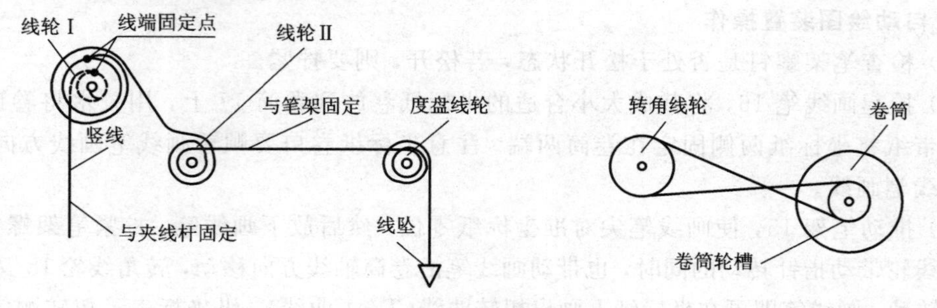

图 3－3　线轮绕线

线轮Ⅰ有直径不同的两个沟槽，其他各线轮均为单沟槽。绕线可选用羽毛球拍线。卷筒上有大、小两个绕线沟槽，放大比分别为 1：1 和 1：3，根据需要选用。

3. 加油

(1) 蜗轮箱 22 内加约 20 mm 深的机油，以润滑和保护轮齿。

(2) 缓冲器油缸里加机油，油面离缸口 10 mm 左右为宜。

4. 试样装夹

(1) 试样 26 的尺寸按图 3－4 加工。若用户对该试验机有装夹不同长度试样的要求，可与厂家协商特制。

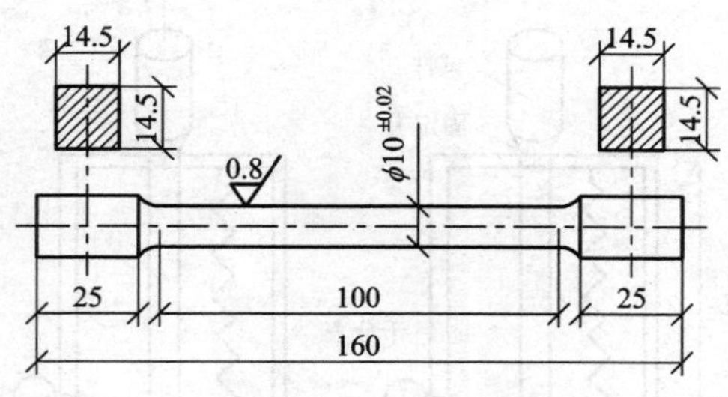

图 3－4　试样尺寸

(2) 拧开固定夹头 12 和转动夹头 25 上的封板固定螺钉 23，打开夹头封板 24。

(3) 摇转蜗杆 21，使两夹头的方孔对齐，放进试样。

(4) 关上夹头封板，拧紧封板固定螺钉。

5. 加载操作

(1) 调零。松开笔架螺钉 14(在笔架 15 后面)，转动线轮Ⅰ13，使绕线达到图 3－3 所示的初始位置，拉紧竖线，然后拧紧夹线螺钉，夹住紧线，稍提线坠松线，调整度盘 20 的指针 19 指零。

(2) 自动绘图装置操作(见后所述)完毕，即可加载。顺时针摇转蜗杆，试样受到扭矩作用，通过固定夹头和力臂，使测矩弹簧与扭矩成正比伸长，力臂向上偏转，又通过有关线轮带动指针转动，即可在度盘上显示出扭矩测值。

6. 自动绘图装置操作

(1) 检查笔架螺钉是否处于松开状态，若松开，则要拧紧。

(2) 抬起画线笔 16，将裁成大小合适的坐标纸卷放到卷筒 17 上，用胶水将卷口贴牢，并用胶带纸将坐标纸两侧固定在卷筒两端。注意坐标纸卷口要顺着画线笔画线方向，以免阻碍画线笔画线。

(3) 推动笔架 15，使画线笔尖对准坐标纸零位，然后放下画线笔，拧紧笔架螺钉。

在线轮带动指针转动的同时，也带动画线笔沿卷筒轴线方向移动，转角线轮 18 又同时带动卷筒转动，画线笔即可在坐标纸上画出扭转曲线($T-\phi$ 曲线)。纵坐标表示扭转测值，比例为 0.995 N·m/mm；横坐标表示转角测值，选用大、小沟槽时分别表示为 1.32 °/mm 和 0.439°/mm，开始时沿圆周方向的一段直线为系统间隙产生的变形，要略去不计。

三、球铰式引伸仪

如图 3-5 所示，球铰式引伸仪通过夹持螺钉固定在试件的中部。当试件伸长时，引伸仪的活动叉便以球铰为圆心转动。由图示尺寸关系可知：千分表所测之活动叉端点的线位移等于试件伸长的两倍，而千分表又将测点位移放大了 1000 倍，故引伸仪的放大倍数 $K=2000$。引伸仪标距为两夹持螺钉中心之距离，即 $L_0=100$ mm。

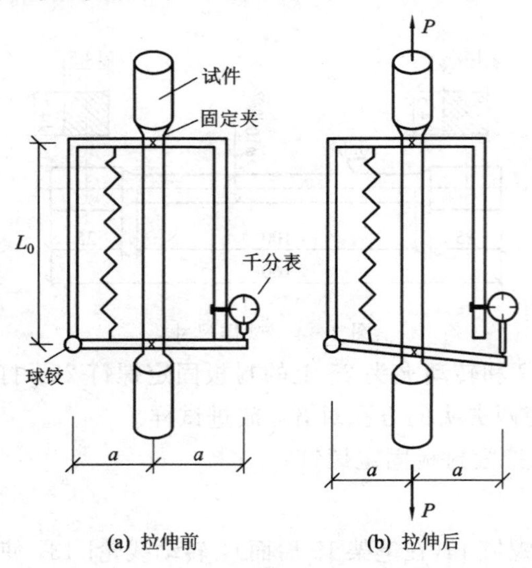

图 3-5　球铰式引伸仪原理图

安装引伸仪时应特别小心，引伸仪夹紧于试件的中部，且两夹持螺钉应夹在试件对称平面上。

四、NJ－50型扭转试验机

NJ－50型扭转试验机的结构如图3－6所示，它由加载机构、测力机构和记录装置三部分组成。

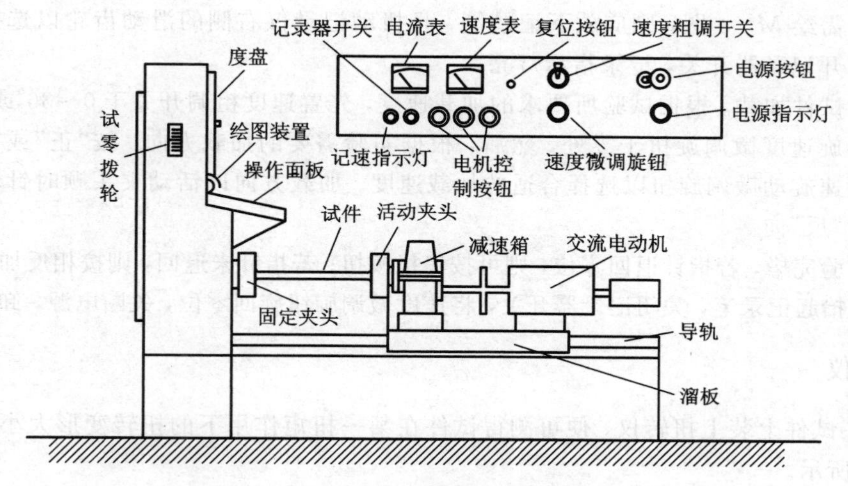

图3－6　NJ－50型扭转试验机的结构

（一）加载机构

安装在溜板上的加载机构通过六个滚动轴承可在机身的导轨上自由滑动。交流电动机产生的转矩通过减速箱后带动活动夹头转动，对试件施加扭矩。电机控制按钮可实现正、反向加载和停机操作。电机转速可由速度粗调开关、速度微调旋钮联合控制进行无级调速。活动夹头的转速显示于速度表上(即：度/分钟)。

（二）测力机构

试件所承受的扭矩通过固定夹头传递到电子自动测力机构，测力机构带动度盘指针转动以显示相应的荷载。通过改变测力机构的杠杆点，可获得四个量程，即5 kgm、10 kgm、20 kgm、50 kgm。实验中，根据试件尺寸估算出所需的最大扭矩值，用转动量程选择手轮(图中未画)选择相应的量程，最好使最大扭矩处于量程的50％～80％范围内，以使测量更加准确。

（三）记录装置(在实验课中观察实物)

记录笔由指针带动作直线运动，以绘出扭矩值的大小。打开记录器开关，活动夹头的转角通过记录随动系统作用使记录滚筒转动，记录纸向外移动，使记录笔画出与转角值相应的线段，实际实验时就可画出$M-\phi$图。记录滚筒可通过改变齿轮传动比来获得两种速度，使图上每毫米线段表示的转角值也有两个比例供选择：1°/mm 和 15′/mm。

（四）扭转试验机操作步骤

（1）按下电源按扭，电源指示灯亮。

（2）选择合适的量程。

（3）示值系统调零，方法是拨动调零拨轮使指针对零。

（4）将试件对中后放入两夹头内，并夹紧试件。

（5）若需绘 $M-\phi$ 图，则应放下记录笔，且拨动记录仪右侧的滑动齿轮以选择走纸速度，然后打开记录器开关，记录指示灯亮。

（6）对试件加载。根据试验所要求的加载速度，先置速度粗调开关于 0～36°或 0～360°之一挡，再旋速度微调旋扭于零处，然后，根据实验需要的加载方向，按“正”或“反”电机按扭，并缓速旋动微调旋扭以选择合适的加载速度。加载方向以活动夹头顺时针转为“正”向，反之为“反”向。

（7）实验完毕，若指针退回零位，则可按停机按扭；若指针未退回，则按相反加载的按扭使其退回。抬起记录笔，关闭记录器开关，将速度微调旋钮旋回零位，关断电源，卸下试件。

五、扭角仪

如果在试件上装上扭转仪，便可测得试件在某一扭矩作用下的扭转变形大小。扭角仪如图 3-7 所示。

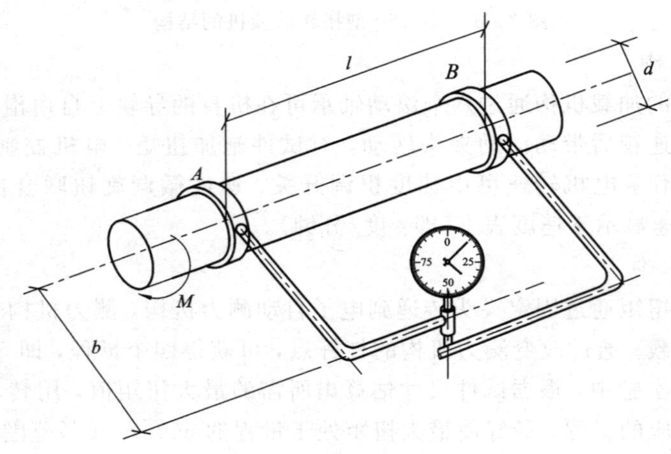

图 3-7 扭角仪

通过 A、B 环将扭角仪固定于试件上，在千分表上便可测得 A、B 两截面在扭转变形后半径为 b 处测点的位移 $\Delta N / K$，从而得出两截面的相对扭角 $\phi = N / bk$。

由于扭角仪安装费时，所以常将其装于一专用试件上，在弹性范围内反复做测 G 实验。做破坏实验则另有试件，而且对试件尺寸须进行测量。